Bibliografische Information der Deutschen Nationalbibliothek:

Die Deutsche Bibliothek verzeichnet diese Publikation in der Deutschen Nationalbibliografie; detaillierte bibliografische Daten sind im Internet über http://dnb.d-nb.de/ abrufbar.

Impressum:

Druck und Bindung: Books on Demand GmbH, Norderstedt Germany
ISBN: 9783668671430

Dieses Buch bei GRIN:

https://www.grin.com/document/416678

Andrej Unrau

Entwurf einer Zahnradstufe

GRIN Verlag

Abkürzungsverzeichnis

1	a	Achsabstand
2	ad	Nullachsabstand
3	b	Breite
4	C	Dynamische Tragzahl
5	C0	Statische Tragzahl
6	CB	Betriebsfaktor
7	d	Durchmesser
8	df1	Fußkreisdurchmesser
9	DIN	Deutsche Industrie Norm
10	dsh1	Wellendurchmesser
11	dw	Wälzkreissdurchmesser
12	e	Grenzwert
13	E	Elastitätsmodul
14	f	Durchbiegung
15	F	Kraft
16	Fax	Kraft in x Richtung
17	Fr	Radialkraft
18	Ft	Tangentialkraft
19	HRC	Härte Rockwell
20	i	Übersetzungsverhältnis
21	I	Flächenträgheitsmoment
22	KA	Anwendungsfaktor
23	KW	Kilowatt
24	L	Lebendauer des Lagers
25	L	Länge
26	L10h	rechnerische Lebensdauer
27	Ltr	Tragend Länge
28	m	Modul
29	Mb	Biegemoment
30	min	Minute
31	mm	Millimeter
32	mn	Normalmodul
33	Mt	Drehmoment
34	N	Newton
35	n	Drehzahl
36	Nm	Newtonmeter
37	P	Leistung

38	P	dynamische Aquivalenzlast
39	p	Lebendauerexponent
40	S	Sicherheitszahl
41	SD	Sicherheit gegen Dauerbruch
42	SF	Sicherheit gegen Fließen
43	Std	Stunden
44	t	Tiefe
45	U	Umdrehungen
46	Wb	Wiederstandsmoment gegen Biegung
47	WDR	Wellendichring
48	x	Profilverschiebung
49	z	Zähnezahl
50	α	Normalangrifswinkel
51	αw	Betriebsangrifswinkel
52	σb	Biegespannung
53	τtzul	Torossionschwelligkeit
54	σFlim	Zahnfußdauerfestigkeit

Inhaltsverzeichnis

1 Aufgabenstellung

Entwurf einer Zahnradstufe, bei der zwei geradeverzahnte Stirnräder eine Nennleistung P von einer Eingangsdrehzahl n_E auf eine Ausgangsdrehzahl n_A übertragen. Die konkreten Werte sind:

Vers.Nr.	Nennleistung P in KW	Eingangsdrehzahl in U/min	Ausgangsdrehzahl in U/min	Betriebsfaktor C_B	Axialkraft Fax in N
7	15	1000	315	1,10	900

Weiterhin gelten folgende Vorgaben:

- Es liegt eine Umlaufbiegung vor. Es wird von einem schwellend wirkenden Drehmoment ausgegangen.
- Betriebsfaktor C_B = Anwendungsfaktor K_A.
- Zahnradwerkstoff ist Einsatzstahl 58 HRC
- Wellenwerkstoff: E295 (DIN EN 10025/2005
- Lagerung der Wellen mit Kugellager mit rechnerischer Lebensdauer von 10000 Std.
- Zahnräder sitzen von Seite der Momenteinleitung nach den ersten drittel zwischen den beiden Lagern.
- Die Zahnräder sind mit rundstirnigen Passfedern auf den Wellen befestigt.
- Die An und Abtriebswelle besitzen jeweils einen Wellenabsatz mit Passfeder ,auf den eine Kupplung gegen eine Wellenschulter angelegt werden kann.
- Die An und Abriebswelle sind mit WDR abzudichten.
- Es ist ein genormter Achsabstand anzuwenden.
- Auf beiden Wellen wirkt eine zusätzliche Kraft Fax, die bei Wälzlagerberechnungen zu berücksichtigen ist.
- Die vorgegebene Übersetzung muss mit +-3% eingehalten werden.

2 Lösungsvorschlag

Der Lösungsvorschlag wird nach der empfohlenen Vorgehensweise aus der Aufgabenstellung erstellt. So ist auch die Hausarbeit gegliedert. Dabei werden auch weitere Einzelheiten und Aufgaben aus der Aufgabenstellung berücksichtigt. Es wurden folgende Hilfsmittel verwendet: Studienbriefe Konstruktion und Technische Mechanik, Formelsammlung Böge, Fachkundebuch Metall und Tabellenbuch Metall.

2.1 Ermittlung der Drehmomente

$$\mathbf{Mt = 9550 * \frac{P}{n}} \qquad \text{(SB 4, Gl. 1.1)}$$

2.1.1 Ermittlung Mtnenn1

$$\text{Mtnenn1} = 9550 * \frac{15\text{KW}}{1000\text{U/min}} = 143{,}25\text{Nm}$$

2.1.2 Ermittlung Mtnenn2

$$\text{Mtnenn1} = 9550 * \frac{15\text{KW}}{315\text{U/min}} = 454{,}76\text{Nm}$$

2.2 Überschlägige Ermittlung der Wellendurchmesser

$$\mathbf{d} = \sqrt[3]{\frac{\mathbf{16 * Mt * CB}}{\boldsymbol{\pi * \tau tzul}}}$$

(SB 4, Gl. 1.2)

Für $\tau tzul$ wird $19N/mm^2$ angenommen. SB 4 s. 13

2.2.1 Ermittlung Antrieb d1

$$d1 = \sqrt[3]{\frac{16 * 143{,}25Nm * 1{,}10}{\pi * 19N/mm^2}} = 34{,}83mm$$

Angenommen: 36 mm

2.2.2 Ermittlung Antrieb d2

$$d2 = \sqrt[3]{\frac{16 * 457{,}76Nm * 1{,}10}{\pi * 19N/mm^2}} = 51{,}29mm$$

Angenommen: 52 mm

2.3 Überschlägige Ermittlung des Moduls m

$$mn \approx \sqrt[3]{\frac{10^4 * KA * Mtnenn1 * \cos^2\beta}{z"1^2 * (\frac{b}{d1})\sigma Flim}}$$

(SB 6. Gl 4.2)

- Mtnenn1 ohne C_B = 143,25Nm
- Z"1² = 17 (SB 6. S.35)
  kleinster Wert
- Cosβ² = 1 weil geradeverzahnt
- (b/d1) = 0,5
- σFlim = 310N/mm² bei Einsatzstahl 58 HRC (SB 6. S.51)
- K_A = 1.10

$$mn \approx \sqrt[3]{\frac{10^4 * 1{,}10 * 143250Nmm * 1}{17^2 * 0{,}5 * 310Nmm^2}} = 3{,}28mm$$

Entschieden für Modul R2 m = 3,5 (SB 9.2.10.7 S.56)

2.4 Fußkreisdurchmesser Rad 1 und Zähnezahl z1

2.4.1 Mindestfußkreisdurchmesser

$$\mathbf{df1} \geq \mathbf{dsh1} + \mathbf{2(t2 + 2,5mn)}$$ (SB. 6 Gl. 4.4. Abb.4.1)

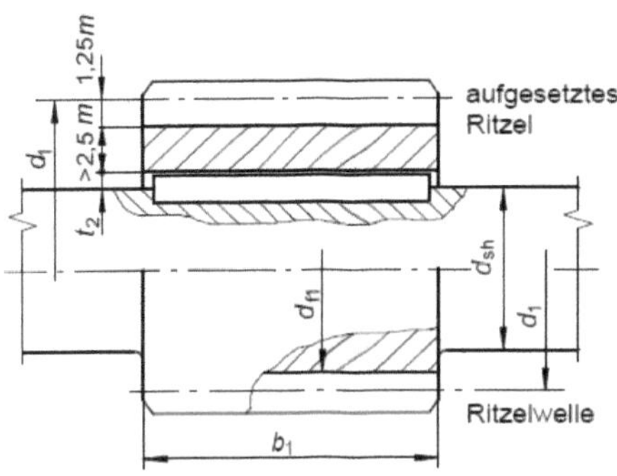

Abb. 4.1:
Mindestkranzdicke zwischen Passfedernut und Zahnfußgrund bei einem Aufsteckritzel (obere Hälfte) ≥ 2,5 m; Mindestfußkreisdurchmesser $d_{f1} \approx 1,1\ d_{sh}$ bei einer Ritzelwelle (untere Hälfte) nach (MATEK u. a. 2001)

- dsh1 = ausgelegt auf 45mm
- t_2 bei Durchmesser 45 mm= 3,8mm (SB.9 2.6.1)

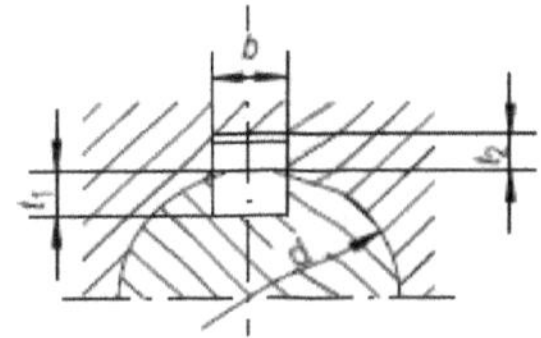

$$\mathbf{df1} \geq 45\text{mm} + 2(3{,}8\text{mm} + 2{,}5 * 3{,}5\text{mm})$$

$$\text{df1} \geq 70{,}1\text{mm}$$

2.4.2 Mindestzähnezahl

$$\mathbf{z1 \geq \frac{df1 + 2 * 1,25mn}{mn}}$$

$$z1 \geq \frac{70{,}1mm + 2 * 1{,}25 * 3{,}5}{3{,}5}$$

$$z1 \geq 22{,}53$$ (SB 6. Gl. 4.5)

Gerundet nach oben auf: 23 Zähne.

2.5 Ermittlung Zähnezahl z2

$$\mathbf{z2 \approx isoll * z1}$$ (SB6. Gl.4.6)

$$\mathbf{isoll = \frac{ne}{na}}$$ (SB6. Gl.1.1)

$$isoll = \frac{1000U/min}{315U/min} = 3{,}174$$

$$z2 \approx 3.176 * 23Zähne$$

2.6 Berechnung Achsabstand und Profilverschiebung

2.6.1 Achsabstand

$$\mathbf{ad = m * \frac{z1+z2}{2}}$$ (SB6. Gl.2.9)

$$\mathbf{ad = 3{,}5mm * \frac{23 + 73}{2} = 168mm}$$

In Frage kann nur ein genormter Achsabstand **a** von **160** oder **180**mm kommen. Das wird durch die Berechnung von Profiverschiebung dann festgelegt.

(SB.9.S.56R1)

2.6.2 Profilverschiebung

Der Bereich für praktisch ausgeführte Profilverschiebung ist:

$$\mathbf{-0{,}5 \leq (x1 + x2) \leq +1{,}5}$$ (SB6. S22)

$$\mathbf{(x1 + x2) \approx \frac{a - ad}{mn}}$$

(SB6. Gl. 2.10)

Mit Hilfe der nachfolgenden Tabelle wird die Ermittlung von Profilverschiebung durchgeführt. Zusätzlich zu beachten ist dass die Übersetzung nicht die zulässige Toleranz überschneidet und bei der Zähnezahl keinen großen gemeinsamen Teiler gibt. ≥5. Siehe Aufgabenstellung.

Ansonsten wird die Vorgehensweise aus SB6 S.36-37 Bsp.4.1 angewendet.

Rechenschritte zur Ermittlung der Zähnezahlen für Beispiel 4.1
$z_{1,2}$ Zähnezahlen von Rad 1 und 2; a genormter Achsabstand; a_d Nullachsabstand; x_1+x_2 angenäherte Summe der Profilverschiebungsfaktoren; i_{tats} tatsächliches Übersetzungsverhältnis; Δi Abweichung des Übersetzungsverhältnisses

Nr.	Z1	Z2	a mm	ad mm	(x1+x2)	i tats.	Δi in %	Beurteilung
1.	23	73	160	168	-2,28			(x1+x2)<-0,5
2.	23	73	180	168	3,42			(x1+x2)>1,5
3.	23	72	160	166,25	-1,78			(x1+x2)<-0,5
4.	23	71	160	164,5	-1,28			(x1+x2)<-0,5
5.	24	75	160	173,25	-3,7			(x1+x2)<-0,5
6.	24	73	160	169,75	-2,7			(x1+x2)<-0,5
7.	24	74	180	171,5	2,4			(x1+x2)>1,5
8.	24	75	180	173,25	1,9			(x1+x2)>1,5
9.	24	76	180	175	1,42	3.16	- 0,24	In Ordnung
10.	24	77	180	176,75	0,93	3,20	1,06	Auch Möglich

- Gewählt wurde Variante 9

2.7 Überprüfung des Übersetzungsverhältnisses

$$\Delta i = \frac{\mathbf{itats - isoll}}{\mathbf{isoll}} * \mathbf{100\%}$$

$$\Delta i = \frac{3{,}166 - 3{,}174}{3{,}174} * 100\% = -0{,}24\%$$

Übersetzungsverhältnis liegt in der geforderten Toleranz. (SB6 Gl.4.7)

2.8 Notwendige Profilverschiebung

$$\mathbf{x1 + x2 = \frac{a - ad}{m}}$$

(SB6. Gl.2.1)

$$x1 + x2 = \frac{180mm - 175mm}{3{,}5mm} = 1{,}42mm$$

2.9 Radialkraft am Zahnrad und Aufteilung auf Wälzlager

$\mathbf{Ft = \frac{2 * Mt}{d}}$ **= Tangentialkraft** (SB6. Gl.3.1)

$\mathbf{Fr = Ft * \tan\alpha}$ **= Radialkraft** α **= 20°**

(SB6. Gl 3.2) (SB9. S.56)

$\mathbf{d = z * m}$ (SB6. Gl. 2.4)

$$d = 24 * 3{,}5 = 84mm$$

$$Ft = \frac{2 * 143250Nmm * 1{,}1}{84mm} = 3751{,}7N$$

Ft ist in beiden Zahnrädern Gleich (Atio = Reactio)

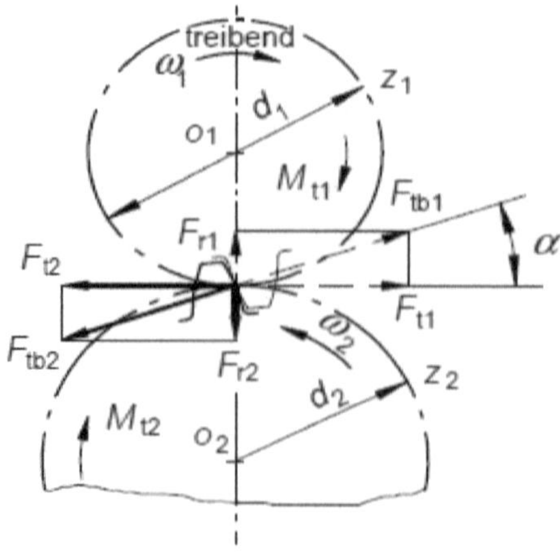

$$Fr = 37 * \tan 20° = 1365{,}54 \text{ N}$$

Die Radialkraft Fr wird auf die Lager durch die Auflagekräfte unter Berücksichtigung der Position des Zahnrads zu den beiden Lagern durch eine kleine Balkennebenrechnung wie folgt aufgeteilt:

2/3 fallen auf das Lager der Antriebsseite = 1365,54 N x 2/3 = 910,36N

1/3 auf das Lager der Abtriebsseite = 1365,54N x 1/3 = 455,18N

2.10 Auswahl der Wälzlager

Lebensdauergleichung:

$$\mathbf{L10h} = \frac{\mathbf{10^6}}{\mathbf{60 * n}} * (\frac{\mathbf{C}}{\mathbf{P}})^{\mathbf{P}}$$

(SB5. Gl. 1.4)

- Kugellager der Abtriebsseite hat eine geringere Radiale Belastung. Deswegen wird dieser als Festlager angenommen.
- Kugellager der Antriebsseite als Loslager.

Für die Lagerauswahl wird die Lebensdauergleichung 1.4 nach der erforderlichen Tragzahl umgestellt (s. Gl. (6) des Arbeitsblattes 2.7.1 im Studienbrief 9):

$$C_{erf} = \sqrt[p]{\frac{L_{10h} \cdot 60 \cdot n}{10^6}} \cdot P \qquad \text{mit } L_{10h} \text{ in Std.; } n \text{ in U/min.} \qquad (1.4\text{ a})$$

Aus umfangreichen Lebensdauerversuchen wurde folgender Zusammenhang zwischen der Lebensdauer L und der Belastung P festgestellt:

$$\frac{L_1}{L_2} = \left(\frac{P_2}{P_1}\right)^p . \qquad (1.2)$$

Für den *Lebensdauerexponent* p wurde ermittelt:

- für Kugellager: $p = 3$
- für andere Wälzlager: $p = \frac{10}{3}$.

2.10.1 Berechnung Loslager Antriebswelle

Bei Loslager ist P = Fr = 910,36N

$$Cerf. = \sqrt[3]{\frac{1000 * 60 * 1000U/min}{10^6}} * 910{,}36N = 7678{,}27N$$

Für Lagerzapfen mit d = 40mm nach (SB 9 2.7.1) wird ein Kugellager 6008 benötigt. C = 17KN, Co = 11,8 KN. Daraus ergibt sich folgende nominelle Lebensdauer.

$$\mathrm{L10h} = \frac{10^6}{60 * 1000\mathrm{U/min}} * \left(\frac{17000\mathrm{N}}{910{,}36\mathrm{N}}\right)^3 = 108531\mathrm{h}$$

2.10.2 Berechnung Festlager Antriebswelle

Auf das Festlager wirkt noch zusätzlich die Axialkraft Fax = 900N . Fr = 455,18N. Das wegen wird P als dynamische Aquivalenzlast berechnet:

$$\mathbf{P = x * Fr + y * Fax} \qquad \text{(SB5. Gl. 1.3)}$$

Für Axiallager gelten die angegebenen Gln. (1.2) und (1.3) sinngemäß. Die Faktoren X und Y sind von der Wälzlagerbauart, vom Verhältnis zwischen Axialkraft und der statischen Tragzahl C_0, vom Verhältnis F_a/F_r der Axialkraft und der Radialkraft sowie von einem durch den inneren Lageraufbau bestimmten *Grenzlastwert* e abhängig (s. z.B. Arbeitsblatt 2.7.1 im Studienbrief 9). Für spezielle Berechnungen sind die entsprechenden Werte aus Wälzlagerkatalogen bzw. aus DIN ISO 76 und DIN ISO 281 zu entnehmen.

Fax/Co = 900N/11800 = 0,0762 gewählt nächst höheren Wert 0,084

e = 0,28

Fax/Fr = 900/455,18 = 1,977 > e

Dynamische Äquivalentlast P für Rillenkugellager					
$P = X \cdot F_r + Y \cdot F_a$					
F_a/C_0	e	$F_a/F_r \le e$		$F_a/F_r > e$	
		X	Y	X	Y
0,014	0,19	1	0	0,56	2,30
0,028	0,22				1,99
0,056	0,26				1,71
0,084	0,28				1,55
0,11	0,30				1,45
0,17	0,34				1,31
0,28	0,38				1,15
0,42	0,42				1,04
0,56	0,44				1,00

(SB9. 2.7.1)

X = 0,56

Y= 1,55

P = 0,56 x 455,18N + 1,55 x 900N

P = 1649,9N

$$L10h = \frac{10^6}{60 * 1000U/min} * \left(\frac{17000N}{1649,9N}\right)^3 = 18231,51h$$

In gleicher Weise werden die Lager der Abtriebsseite auf den folgenden Seiten berechnet.

2.10.3 Berechnung Abtriebswelle Loslager

P = Fr = 910,36N

$$Cerf.=\sqrt[3]{\frac{1000*60*315U/min}{10^6}}*910{,}36N=5224{,}36N$$

Für Lagerzapfen mit d = 60mm nach (SB 9 2.7.1) wird ein Kugellager 6012 benötigt. C = 29KN, Co = 23,2 KN. Daraus ergibt sich folgende nominelle Lebensdauer.

$$\mathrm{L10h}=\frac{10^6}{60*315\mathrm{U/min}}*\left(\frac{29000\mathrm{N}}{930{,}36\mathrm{N}}\right)^3=1710380\mathrm{h}$$

2.10.4 Berechnung Abtriebswelle Festlager

Fax/Co = 900N/23200N = 0,0387 gewählt nächst höheren Wert 0,056

e = 0,26

Fax/Fr = 900/455,18 = 1,977 > e

X = 0,56
Y = 1,71
P = 0,56 x 455,18N + 1,17 x 900N = 1793,9N

$$\mathrm{L10h}=\frac{10^6}{60*315\mathrm{U/min}}*\left(\frac{29000\mathrm{N}}{1793{,}9\mathrm{N}}\right)^3=223530\mathrm{h}$$

2.11 Berechnung Passfederlänge

$$\mathbf{Ltr = \frac{2 * CB * Mtnenn * S}{Pert * (h - t1) * d}}$$

(SB4. Gl.2.1a)

Allgemeine Werte:

S = 1,2 (SB2. S45)

CB = 1,10

Pert = 90N/mm² (Aufgabenstellung)

(h- t1) = (SB9. 2.6.1)

Mtnenn1 = 143,25Nm d1 = 36mm

Mtnenn2 = 454,76Nm d2 = 52mm

2.11.1 Passfederberechnung für Antrieb d1

$$Ltr = \frac{2 * 1{,}1 * 143250Nmm * 1{,}2}{90Nmm^2 * (8mm - 5mm) * 36mm} = 38{,}9mm$$

Ltr < 1,3d (SB4. Gl 2.4)

Ltr < 1,3 x 36mm

38,9mm< 46,8mm

L > Ltr +b (SB4. Gl. 2.3)

L > 38,9mm + 10mm = 48,9mm

Gewählt Länge: 50mm

Bezeichnung nach (SB9 S.41) Passfeder DIN 6885 – A 10 x 8 x 50

2.11.2 Passfederberechnung für Zahnrad z1

$$\text{Ltr} = \frac{2 * 1{,}1 * 143250\text{Nmm} * 1{,}2}{90\text{Nmm}^2 * (9\text{mm} - 5{,}5\text{mm}) * 45\text{mm}} = 26{,}7\text{mm}$$

Ltr < 1,3d (SB4. Gl 2.4)

Ltr < 1,3 x 45mm

26,7mm< 58,5mm

L > Ltr +b (SB4. Gl. 2.3)

L > 26,7mm + 10mm = 40,67mm

Gewählt Länge: 45mm

Bezeichnung nach (SB9 S.41) Passfeder DIN 6885 – A 14 x 9 x 45

2.11.3 Passfederberechnung für Antrieb d2

$$\text{Ltr} = \frac{2 * 1{,}1 * 454760\text{Nmm} * 1{,}2}{90\text{Nmm}^2 * (10\text{mm} - 6\text{mm}) * 52\text{mm}} = 64{,}13\text{mm}$$

Ltr < 1,3d (SB4. Gl 2.4)

Ltr < 1,3 x 52mm

64,13mm < 67,6mm

L > Ltr +b (SB4. Gl. 2.3)

L > 64,13mm + 16mm = 80,13mm

Gewählt Länge: 80mm

Bezeichnung nach (SB9 S.41) Passfeder DIN 6885 – A 16 x 10 x 80

2.11.4 Passfederberechnung für Zahnrad z2

$$\text{Ltr} = \frac{2 * 1{,}1 * 454760\text{Nmm} * 1{,}2}{90\text{Nmm}^2 * (11\text{mm} - 7\text{mm}) * 65\text{mm}} = 51{,}3\text{mm}$$

Ltr < 1,3d (SB4. Gl 2.4)

Ltr < 1,3 x 65mm

51,3mm< 83,2mm

L > Ltr +b (SB4. Gl. 2.3)

L > 51,3mm + 18mm = 69,3mm

Gewählt Länge: 70mm

Bezeichnung nach (SB9 S.41) Passfeder DIN 6885 – A 18 x 11 x 70

2.12 Achsmittenschitt

Aufstellung von bereits ausgerechneten und festgelegten Werte:

- Antriebswelle
  d1 = 36mm dlager = 40mm dzahnrad = 45mm
  Rillenkugellager 6008
  Passfeder DIN 6885 - A10x8x50
  Passfeder DIN 6885 – A-14x9x45

- Abtriebswelle

  D2 = 52mm dlager = 60mm dzahnrad = 65mm
  Rillenkugellager 6012
  Passfeder DIN 6885 - A16x10x80
  Passfeder DIN 6885 – A-18x11x70

2.12.1 Profilverschiebung aufteilen

X1 + X2 = 1,42

Die Profilverschiebung wird so aufgeteilt dass das kleine Zahnritzel der Antriebswelle dem größeren Anteil der Provielverschiebung bekommt. Dadurch werden seine Zähne stärker ausgelegt. Für das größere Zahnrad der Abtriebswelle wir die gängige 0,5 Verzahnung verwendet. Die ist deutlich günstiger weil Standard als Katalogware erhältlich ist.

X1 = 0,92

X2 = 0,5

2.12.2 Zahnkopfdurchmesser

$\mathbf{d_a = d + 2 \times m(1 + X + K^*)}$ (SB6 Gl.4 Anlage 1)

$K^* = 0$ Keine Kopfkürzung

- Zahnrad 1

d1 = m x z d1 = 3,5 x 24 = 84mm

d_{a1} = 84mm + 2 x 3,5mm(1 + 0,92)

d_{a1} = 97,44mm

- Zahnrad 2

d1 = m x z d1 = 3,5 x 76 = 266mm

d_{a2} = 266mm + 2 x 3,5mm(1 + 0,5)

d_{a2} = 276,5mm

2.12.3 Zahnfußdurchmesser

$\mathbf{d_f = d - 2 \times m(1{,}25 - X)}$ (SB6 GL.6 Anlage1)

- Zahnrad 1

$d_{f1} = 84 - 2 \times 3{,}5(1{,}25 - 0{,}92)$
$d_{f1} = 81{,}69mm$

- Zahnrad 2

$d_{f2} = 266 - 2 \times 3{,}5(1{,}25 - 0{,}5)$
$d_{f1} = 260{,}75mm$

2.12.4 Wälzkreisdurchmesser

$\mathbf{d_w = d \times \cos\alpha / \cos\alpha_w}$ (SB6. Gl.8 Anlage1)

$\mathbf{a = ad \times \cos\alpha / \cos\alpha_w}$ (SB6. Gl.11 Anlage1)

umstellen nach $\mathbf{\cos\alpha_w}$

$\mathbf{\cos\alpha w = (ad \times \cos\alpha) : a}$

$\cos\alpha_w = (175 \times \cos 20°) : 180 = 0{,}91359$

$\alpha_w = 23{,}994°$

- Zahnrad 1

d_{w1} = 84mm x cos 20°/cos23,994°

d_{w1} = 86,4mm

- Zahnrad 2

d_{w2} = 266mm x cos 20°/cos23,994°

d_{w2} = 273,6mm

2.12.5 Zahnradbreite

b = (0,5....0,6) x d1 (Aufgabenstellung)

b = 0,6 x 84mm = 50,4 mm

Angenommen 50mm für beide Zahnräder.

2.12.6 Zahnradnabenbreite

Nabenbreite= Passfederlänge + (2...5)mm (Aufgabenstellung)

- Zahnrad 1

Nabenbreite = 45mm + 5mm = 50mm

- Zahnrad 2

Nabenbreite = 70mm + 5mm = 75mm

2.13 Vervollständigung der Gestaltung

Um die Gestaltung zu vervollständigen benötigt die Auslegung der Getriebestufe noch weitre Details:

- Die Wellen benötigen eine beidseitige Zentrierung nach DIN 332 – DM 4 damit die zwischen den Spitzen spannend bearbeiten werden können. Das muss unbedingt sein weil die beiden Lagersitze und Zahnradsitz müssen zu einander laufen.

- Einführfase 2 x 45° an beiden Wellen beidseitig.
- P9 Passfedernuten an allen Stellen mit Passfeder.
- Freistich nach DIN 509 – F0,6 x 0,3 an allen Absätzen.
- Wellendichtringe integriert in ein Montagedeckel:
  Radialwellendichtring DIN 3760 – A40 x 55 x 7
  Radialwellendichtring DIN 3760 – A60 x 80 x 8 (SB. 9 S.40)

- Fase 15° gerundet und poliert zum leichteren Einbau von WDR und Lager.
- Alle weiteren Kanten mit 0,3 gebrochen.
- Sicherungsringe zum befestigen von Lager und Zahnräder :
  Sicherungsring DIN 471 – 40 x 1,75
  Sicherungsring DIN 471 – 45 x 1,75
  Sicherungsring DIN 471 – 65 x 2,5
  Sicherungsring DIN 471 – 60 x 2 (Tabellenbuch Metall)

- Alle weitere Passungen, Oberflächenangaben, Montagehinweise etc. werden bei der Zeichnungserstellung festgelegt und auch da dem entsprechend dokumentiert.
- Für die Einzelteile wird eine Stückliste erstellt.

2.14 Nachrechnung aller belasteten Bauteile

- Durchbiegung und Lagerneigung für einen gemittelten Wellendurchmesser der Antriebswelle. Da gehe ich einfachheitshalber von den Durchmesser an den Lager aus = 40mm.
- Dauerfestigkeit für die Antriebswelle
- Festlager und Loslager

2.14.1 Durchbiegung

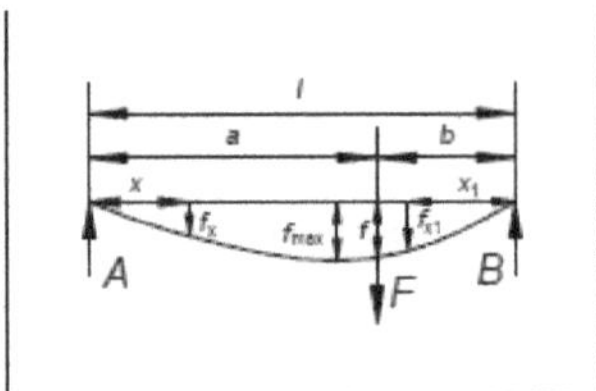

SB9. 2.1.3 Lastfall 4 a und b vertauscht.

$$\mathbf{fmax} = \frac{\mathbf{F}}{\mathbf{9IE}} * \frac{\mathbf{b^2a}}{\mathbf{L}}\,(\mathbf{l}+\mathbf{a})\sqrt{\frac{\mathbf{L}+\mathbf{a}}{\mathbf{3b}}}$$

$$f_{\mathrm{res}} = \sqrt{{f_{\mathrm{x}}}^2 + {f_{\mathrm{y}}}^2}$$

SB4. Gl.1.22

Die Welle wird durch Fr und Ft in zwei richtungen beansprucht. Daswegen muss mir Fres gerechnet werden.

E = 210000N/mm²

I = $\frac{\pi\, d^4}{64} = 125663{,}7mm^4$

Fr = 1365,54N

Ft = 3751,78N

L = 150 mm

a = 50mm

b = 100mm

$$fr = \frac{1365{,}54N}{9*\frac{210000N}{mm^2}*125663{,}27mm^4} * \frac{(100mm)^2*50mm}{150mm} * (150mm + 50mm)\sqrt{\frac{150mm+50mm}{3*100mm}}$$

fr = 3,1297 x 10^{-5}mm

$$ft = \frac{3751{,}54N}{9*\frac{210000N}{mm^2}*125663{,}27mm^4} * \frac{(100mm)^2*50mm}{150mm} * (150mm + 50mm)\sqrt{\frac{150mm+50mm}{3*100mm}}$$

ft = 8,5981 x 10^{-5}mm

fres = $\sqrt{3{,}1297 \text{ x } 10^{-5}mm + }8{,}5981 \text{ x } 10^{-5}mm$

fres = 9,15 x 10^{-5}mm

Durch den kurzen Abstand (150mm) zwischen beiden Lagern wird die Welle auf Biegung kaum beansprucht. Bei einem Lagerabstand von 240mm wäre die Durchbiegung bei 0,037mm gelegen.

zulässige Durchbiegungen

Anwendungsfall		f_{zul}
Allgemeiner Maschinenbau		l / 3000
Werkzeugmaschinenbau		l / 5000
Zahnradwellen (unterhalb des Zahnrades)		m_n / (100 ... 200)
Schneckenwellen,	Schnecke vergütet	m_n / 100
	Schnecke gehärtet	m_n / 250

(SB9. 2.5.2)

1. Fzul für Allgemeinen Maschinenbau ist 150mm/ 3000 = 0,05mm > fres
2. Fzul für Zahnradwellen unterhalb von Zahnrad mn/200 = 0,0175 > fres

Sehr kompakte und steife Auslegung hat den Vorteil dass sich die Zahnräder nicht so schnell abnutzen und Spiel bekommen.

2.14.2 Lagerneigung

$$\mathbf{tan\alpha A} = \frac{\mathbf{F}}{\mathbf{6EI}} * \frac{\mathbf{ab}}{\mathbf{L}} * (\mathbf{b} + \mathbf{l})$$

$$\mathbf{tan\alpha B} = \frac{\mathbf{F}}{\mathbf{6EI}} * \frac{\mathbf{ab}}{\mathbf{L}} * (\mathbf{a} + \mathbf{l})$$

SB9. 2.1.3 Lastfall 4

$$\tan \alpha_{res} = \sqrt{\tan^2 \alpha_x + \tan^2 \alpha_y}\ .$$

SB4. Gl.1.23

$$\tan\alpha Ar = \frac{1365{,}54N}{6 * \frac{210000N}{mm^2} * 125663{,}7mm^4} * \frac{50mm * 100mm}{150mm} * (100mm + 150mm)$$

tanαAr = 7,187 x 10^{-5}mm

$$\tan\alpha Br = \frac{1365{,}54N}{6 * \frac{210000N}{mm^2} * 125663{,}7mm^4} * \frac{50mm * 100mm}{150mm} * (50mm + 150mm)$$

tanαBr = 5,7495 x 10^{-5}mm

$$\tan\alpha At = \frac{3751{,}54N}{6 * \frac{210000N}{mm^2} * 125663{,}7mm^4} * \frac{50mm * 100mm}{150mm} * (100mm + 150mm)$$

tanαAt = 1,97446 x 10^{-4}mm

$$\tan\alpha Bt = \frac{3751{,}54N}{6 * \frac{210000N}{mm^2} * 125663{,}7mm^4} * \frac{50mm * 100mm}{150mm} * (50mm + 150mm)$$

tanαBt = 1,5796 x 10^{-4}mm

$\tan\alpha resA = \sqrt{(7{,}187 \times 10^{-5}mm)^2 + (1{,}97446 \times 10^{-4}mm)^2} = 1{,}578 \times 10^{-4}mm$

$\tan\alpha resB = \sqrt{(5{,}7495 \times 10^{-5}mm)^2 + (1{,}5796 \times 10^{-4}mm)^2} = 1{,}382 \times 10^{-4}mm$

zulässige Neigung

Anwendungsfall	$\tan\alpha_{zul}$
Gleitlager mit feststehenden Schalen	$3 \cdot 10^{-4}$
Gleitlager mit beweglichen Schalen und starre Wälzlager	$10 \cdot 10^{-4}$
unsymmetrische oder fliegende Anordnung von Zahnrädern	$2 \cdot (d_1/b_1) \cdot 10^{-4}$

SB9. 2.5.2

Zulässige Neigung **tanαzul** bei starren Wälzlagern ist:

10 x $10^{-4} > 1{,}578 \times 10^{-4}$mm

10 x $10^{-4} > 1{,}382 \times 10^{-4}$mm

Somit ist die Lagerneigung in beiden Lagern zulässig.

2.14.3 Dauerfestigkeit der Antriebswelle gegen Dauerbruch

$$S_D = \frac{1}{\sqrt{\left(\frac{\sigma_{ba}}{\sigma_{bADK}}\right)^2 + \left(\frac{\tau_{ta}}{\tau_{tADK}}\right)^2}} \geq S_{Derf}.$$

SB4. Gl.1.21

Bei Umlaufbiegung mit dem Spannungsverhältnis $\kappa = -1$ ist der Biegemomentenausschlag M_{ba} gleich dem maximalen Biegemoment M_b. Der Biegespannungsausschlag ergibt sich für den Durch-

$$\sigma_{ba} = \frac{c_B \cdot M_{ba}}{W_b}$$

SB4 Bsp.1.1

Mb max = F$\frac{ab}{l}$ FS Böge

F = $\sqrt{Fr^2 + Ft^2}$ = 3992,33N

Mbmax = 3992,33N x $\frac{50mm*100mm}{150mm}$ = 133077,66Nmm

σba = $\frac{32*1,10*133077,66Nmm}{\pi*36mm^3}$ = 31,96mm²

$$\tau_t = \frac{c_B \cdot M_t}{W_t}:$$

SB4. Bsp. 1.1

$$\tau t = \frac{16*1,10*143250Nmm}{\pi*36^3}$$ = 17,2Nmm²

Da bei schwellender Belastung der Momentenausschlag Mta = Mt/2 ist, wird:
$\tau ta = 8,6\ N/mm^2$

Im vorliegenden Fall ist der ertragbare Spannungsausschlag des Probestabes σ_{bAD} gleich der Wechselfestigkeit σ_{bW} des Werkstoffes, da Umlaufbiegung mit $\kappa = -1$ vorliegt. Nach einer Näherungsbeziehung (DIN743-3) ergibt sich die Biegewechselfestigkeit eines Werkstoffes aus der Mindestzugfestigkeit R_m zu $\sigma_{bW}(d_B) \approx 0{,}5 \cdot R_m$ und die Torsionswechselfestigkeit zu $\tau_{tW} \approx 0{,}3 \cdot R_m$.

Die dauerhaft ertragbaren Spannungsausschläge werden aus den Wechselfestigkeiten der gekerbten Bauteile nach Gl. (1.14) ermittelt:

$$\sigma_{bWK} = \frac{\sigma_{bW}(d_B) \cdot K_1(d_{eff})}{K_\sigma}.$$

SB4 Bsp.1.1

$\sigma_{bw(dB)}$ = 0,5 x Rm = 0,5 x 470N/mm² = 235N/mm²

τ_{tW} = 0,3 X Rm = 0,3 x 470N/mm² = 141N/mm²

$K_1 = 1$ SB9 2.1.6

$$K_\sigma = \left(\frac{\beta_\sigma}{K_2(d)} + \frac{1}{K_{F\sigma}} - 1 \right) \cdot \frac{1}{K_V}.$$

SB4. Gl.1.12

$$\beta_\sigma = 1 + c_\sigma(\beta_{\sigma(2,0)} - 1)$$

SB9. 2.1.8

β_σ = 1 + 2,6(2,1-1) = 3,96

Tabellen SB9 2.1.8 Ausgewertet und Freistich berücksichtigt.

K_2 = 0,88 SB9. 2.1.6

$K_{F\sigma}$ = 0,93 bei Rz 6,3 SB9. 2.1.7

Kv = 1

$K\sigma = (\frac{3,96}{0,88} + \frac{1}{0,93} - 1)\frac{1}{1} = 4,5752$

$\sigma_{bADK} = \sigma_{bwK}$ = 235N/mm² : 4,5752 = 51,36N/mm²

$\tau_{tADK} \equiv \tau_{tWK}$ = 141N/mm² : 4,5752 = 30,82N/mm²

$$S_D = \frac{1}{\sqrt{(\frac{31,96}{51,36})^2 + (\frac{8,6}{30,82})^2}} = 2,15$$

In der Regel liegt S_D erforderlich bei 1,4. Siehe SB 4 Bsp. 1.1

S_D = 2,15 > S_D erforderlich = 1,4

Somit ist das Bauteil gegen Dauerbruch betriebssicher.

2.14.4 Sicherheit gegenüber Fließen

Die Sicherheit gegenüber bleibender Verformung (Fließen → Index F), Anriss und Gewaltbruch ist nach Gl. (1.18)

$$S_F = \frac{1}{\sqrt{\left(\frac{\sigma_{bmax}}{\sigma_{bFK}}\right)^2 + \left(\frac{\tau_{tmax}}{\tau_{tFK}}\right)^2}} \geq S_{Ferf} .$$

$$\sigma_{bFK} = K_1(d_{eff}) \cdot K_{2F} \cdot \gamma_F \cdot \sigma_S(d_B). \qquad (1.19)$$

Der Erhöhungsfaktor γ_F liegt zwischen 1,0 und 1,15. Er kann näherungsweise $\gamma_F \approx 1$ gesetzt werden.

Für Torsion ist

$$\tau_{tFK} = K_1(d_{eff}) \cdot K_{2F} \cdot \sigma_S(d_B)/\sqrt{3} . \qquad (1.20)$$

Der relativ aufwendige Berechnungsgang zum Nachweis der Dauerfestigkeit wird in vereinfachter, aber für die meisten Problemstellungen ausreichender Form an nachfolgendem Beispiel dargestellt und erläutert. Die notwendigen Hilfsgrößen und Werte können hier nicht für alle Werkstoffe, Belastungen, Kerbformen usw. angegeben werden. Sie sind in umfassender Darstellung in (DIN743-1) bis (DIN743-3) und (ROLOFF / MATEK 2005) enthalten. An dieser Stelle sind auch für die übrigen Kerbfälle an Wellen (Presssitz, Nuten, Keilwellenprofil, Querbohrung) Diagramme zur Ermittlung der Kerbwirkungszahl angegeben.

SB4. S.19

Für die Bestimmung von einzelnen unbekannten Faktoren wurden die Tabellen aus SB9. 2.1.6 und 2.1.5 verwendet.

σ_{bFK} = 0,98 x 1,2 x1 x 295N/mm² = 346,92N/mm²

τ_{tFK} = 0,98 x 1,2 x 295N/mm²/√3 = 200,29N/mm²

$$S_F = \frac{1}{\sqrt{(\frac{31,96}{346,92})^2+(\frac{17,2}{200,29})^2}} = 7,94$$

In der Regel liegt S_F erforderlich bei 2. Siehe SB 4 Bsp. 1.1

S_D = 7,94 > S_D erforderlich = 2

Somit ist das Bauteil gegen Fließen betriebssicher.

2.14.5 Festlager und Loslager

Die beiden Kugellager sind ausreichend dimensioniert und erfüllen weitreichendst die rechnerische Lebensdauer von mindestens 10000 Std. Siehe unter 2.10 Auswahl Wälzlager.

2.14.6 Allgemeines

Bei der Nachrechnung hat sich herausgestellt dass eigentlich alle Bauteile großzügig ausgelegt sind. Das hängt damit zusammen dass ganz am Anfang bei den Überschlägigen Berechnungen der Wellen mit hoher Sicherheit gerechnet wird. Dadurch wird das ganze Getriebe stärker. Bei einer Serienfertigung wäre durchaus sinnvoll die Berechnungen mit einer höheren Torosionschwellfestigkeit der Wellen durchzuführen. Damit werden dann alle weiteren Bauteile kleiner ausfallen was mit Kosten und Gewichtreduzierung befürwortet werden kann.

3 Stückliste Zahnradstufe

Stückliste:	Zahnradstufe Artikel : 001	Erstellt:	A. Unrau
Pos.	Bezeichnung	Artikel.Nr	Stück
1	Antriebswelle	1002	1
2	Abtriebswelle	1003	1
3	Zahnrad Z1	1004	1
4	Zahnrad Z2	1005	1
5	Rillenkugellager DIN 625 - 6008	1006	2
6	Rillenkugellager DIN 625 - 6012	1007	2
7	Radialwellendichtring DIN 3760 - A 40x55x7 NBR	1008	1
8	Radialwellendichtring DIN 3760 - A 60x80x8 NBR	1009	1
9	Passfeder DIN 6885 - A 16x10x80	1010	1
10	Passfeder DIN 6885 - A 10x8x50	1011	1
11	Passfeder DIN 6885 - A 14x9x45	1012	1
12	Passfeder DIN 6885 - A 18x11x70	1013	1
13	Sicherungsring DIN 471 - 40 x 1,75	1014	2
14	Sicherungsring DIN 471 - 45 x 1,75	1015	2
15	Sicherungsring DIN 471 - 60 x 2,0	1016	2
16	Sicherungsring DIN 471 - 65 x 2,0	1017	2

4 Literaturverzeichnis

- HFH SB 4 Konstruktion
- HFH SB 5 Konstruktion
- HFH SB 6 Konstruktion
- HFH SB 9 Konstruktion
- Fachkundebuch Metall 53. Auflage
- Tabellenbuch Metall 41. Auflage
- Formelsammlung Böge 22. Auflage